AMBROISE MACROB[E]

LA FLORE
PORNOGRAPHIQUE

—

GLOSSAIRE
DE L'ÉCOLE NATURALISTE

extrait des œuvres

DE M. ÉMILE ZOLA

et de ses disciples

Illustrations par *Paul* LISSON

OMNES · MECUM · PORTO ·

P.L.

PARIS

DOUBLELZEVIR, ÉDITEUR

13, RUE CHAMPOLLION, 13

—

1883

LA FLORE

PORNOGRAPHIQUE

8208. — PARIS, IMPRIMERIE A. LAHURE

9, Rue de Fleurus, 9

LA FLORE
PORNOGRAPHIQUE

—

GLOSSAIRE
DE L'ÉCOLE NATURALISTE

extrait des œuvres

DE M. ÉMILE ZOLA

et de ses disciples

Illustrations par *Paul* LISSON

OMNES · MECUM · PORTO ·

P.L.

PARIS
DOUBLELZÉVIR, ÉDITEUR

13, RUE CHAMPOLLION, 13

—

1883

AVANT-PROPOS

—

Il est loin de nous le temps où, si l'on en croit la Bible, « la terre n'avait qu'une seule langue et qu'une même manière de parler », et les esprits chagrins répètent volontiers, avec un écrivain célèbre, qu'il n'y a pas une page de nos glossaires qui ne porte quelque trace de l'anathème de Babel.

Non seulement les hommes ont vu la confusion des langues et la formation d'un nombre considérable d'idiomes, mais en-

core chaque contrée, chaque pays voit se transformer peu à peu le langage national.

Cette transformation est-elle utile et féconde, ou funeste et condamnable? C'est une question plus difficile à résoudre qu'on ne le croit d'ordinaire.

Au premier abord, les défenseurs de la transformation d'une langue, les apôtres des néologismes semblent être dans le vrai. Qui ne donne raison à Voltaire écrivant :

« Il n'est aucune langue complète, aucune qui puisse exprimer toutes nos idées et toutes nos sensations ; leurs nuances sont trop imperceptibles et trop nombreuses. Personne ne peut faire connaître précisément le degré du sentiment qu'il éprouve. On est obligé, par exemple, de désigner sous le nom général d'amour et de haine mille amours et mille haines toutes différentes ; il en est de même de nos douleurs et de nos plaisirs. Ainsi toutes les langues sont imparfaites comme nous. Elles ont toutes été faites successivement et par degrés selon nos besoins. C'est l'instinct commun à tous les hommes qui a fait les premières grammaires sans qu'on s'en aperçût.... Les langues les moins imparfaites sont comme les lois : celles dans lesquelles il y a le moins d'arbitraire sont les meilleures[1]. »

Victor Hugo a développé la même thèse.

« Une langue ne se fixe pas. L'esprit humain est toujours en marche, ou si l'on veut en mouvement, et les langues avec lui. Les choses sont ainsi. Quand le corps change, comment l'habit ne changerait-il pas? Le français du dix-neuvième siècle ne peut pas plus être le français du dix-huitième que celui-ci n'est le français du dix-septième, que le français du dix-sep-

---

1. *Dictionnaire philosophique.*

tième n'est celui du seizième. La langue de Montaigne n'est plut celle de Rabelais, la langue de Pascal n'est plus celle de Montaigne, la langue de Montesquieu n'est plus celle de Pascal. Chacune de ces quatre langues prises en soi est admirable, parce qu'elle est originale. Toute époque a ses idées propres, il faut qu'elle ait aussi les mots propres à ces idées.

« Les langues sont comme la mer : elles oscillent sans cesse ; à certains temps elles quittent un rivage du monde de la pensée et en envahissent un autre. Tout ce que leur flot déserte ainsi, sèche et s'efface du sol. C'est de cette façon que des idées s'éteignent, que des mots s'en vont. Il en est des idiomes humains comme de tout. C'est donc en vain que l'on voudrait pétrifier la mobile physionomie de notre idiome sous une forme donnée. C'est en vain que nos Josué littéraires crient à la langue de s'arrêter : les langues ni le soleil ne s'arrêtent plus. Le jour où elles se fixent, c'est qu'elles meurent[1]. »

Cette démonstration apparaît éclatante ; il est certain que les langues, comme toutes choses, naissent, vivent et meurent ; que les vocabulaires s'enrichissent au fur et à mesure que progressent les sociétés, et qu'ils sont intimement mêlés aux développements de ces sociétés.

« Il est évident », a déclaré Littré de son côté, « que le vocabulaire d'une langue vivante n'est jamais clos. » Et l'immortel savant a ajouté, dans la Préface du Supplément de son Dictionnaire de la langue française :

«... A tous les instants de la langue il y a eu néologie..... Le classique dix-septième siècle a obéi, malgré Vaugelas et Mé-

---

1. Préface de Cromwell.

nage, aux nécessités de pensée et de parole qui appellent les nouveautés ; le dix-huitième, plein de scrupule à l'égard de la langue dont il héritait, a eu la main forcée, et le dix-neuvième siècle pousse jusqu'à la licence le droit qu'Horace accorde à tout écrivain de mettre dans la circulation un terme nouveau frappé au coin de l'actualité.... N'ayons à l'égard des néologismes aucun parti pris ni de répulsion absolue, ni d'engouement. Horace a dit, en parlant du poète Lucilius :

Cum flueret lutulentus, erat quod tollere velles.

De même, dans ce flot mélangé d'incessantes créations de mots nouveaux, il est de bonnes acquisitions qu'il faut retenir. »

Voilà, nettement résumées, les raisons puissantes qui militent en faveur des néologismes, c'est-à-dire des mots de création nouvelle ou des anciens mots employés dans un sens nouveau.

Et la conclusion qu'on peut tirer des citations que nous venons de faire, est l'apologie de l'argot.

Lorédan Larchey, commentant son Recueil des excentricités du langage, a constaté le besoin que nous avons de savoir ce qui se dit, par opposition au besoin de savoir ce qui doit se dire. Il ne recommande pas l'emploi de tous les mots par lui classés, mais il soutient qu'il est bon de se rendre compte des choses, ne serait-ce que pour les mille nécessités de la vie sociale, à Paris, où un puriste peut se trouver exposé au risque de ne pas comprendre un certain français. Selon lui, le néologisme, Montaigne l'affirmait, le néologisme peut être utile en plusieurs cas, et sur ce point Balzac s'est montré d'accord avec M. de Jouy lui-même.

Et, à l'appui de son affirmation, M. Larchey cite les maîtres de la langue.

C'est Montaigne, disant : « *Le parler que j'aime, tel sur le papier qu'à la bouche, c'est un parler succulent et nerveux, court et serré... non tant délicat et peigné comme véhément et brusque.... déréglé, décousu et hardi; chaque lopin y fasse son corps.* »

C'est Balzac, écrivant : « *Disons-le, peut-être à l'étonnement de beaucoup de gens, il n'est pas de langue plus énergique, plus colorée que l'argot qui va toujours! Il suit la civilisation, il la talonne; il s'enrichit d'expressions nouvelles à chaque nouvelle invention.* »

« *Il n'y a personne, disait Nodier, qui ne sente qu'il y a cent fois plus d'esprit dans l'argot lui-même que dans l'algèbre:.... et que l'argot doit cet avantage à la propriété de figurer l'exception et d'imaginer* le langage. Avec l'algèbre on ne fera jamais que des calculs; avec l'argot, tout ignoble qu'il soit dans sa source, on referait un peuple et une société. »

Cela est vrai.

On ne saurait nier non plus que certaines associations de mots en varient les sens à l'infini ; que les nuances des mots sont aussi innombrables que les nuances des couleurs; que les expressions créées, les locutions nouvelles provenant d'assemblages inattendus, donnent à une langue un éclat particulier..

Ailleurs, dans ses Notions élémentaires de linguistique, Charles Nodier constate que l'argot est généralement composé avec esprit, « parce qu'il a été composé, pour une grande nécessité, par des hommes qui n'en manquent pas. »

Ainsi donc tout le monde est d'accord sur ce point. Le néologisme est utile et *l'argot, par conséquent, offre un intérêt incontestable.*

Mais aussitôt on doit envisager l'autre face de la question. S'il est bien certain que tout naît et se développe, il n'est pas moins certain que tout meurt également. Or l'argot, qui prête au développement d'une langue, n'en avance-t-il pas la dé-composition? Ici, nous cédons de nouveau la parole à Voltaire, qui a plaidé le pour et le contre, sur ce point. L'immortel écri-vain, après avoir dit :

« La quantité prodigieuse de livres agréablement frivoles que la nation française a produits est encore une raison de la faveur que sa langue a obtenue chez toutes les nations.... »

Le grand philosophe dont le style est si clair, si correct, si pur, dont la langue est si sobre, après s'être plaint dans une séance à l'Académie de la pauvreté de la langue française, Voltaire faisant en quelque sorte un retour sur lui-même et exposant des raisons contraires aux premières par lui données, a jeté ce cri d'alarme :

« *Les bons écrivains sont attentifs à combattre les expressions vicieuses que l'ignorance du peuple met d'abord en vogue et qui, adoptées par les mauvais auteurs, passent ensuite dans les gazettes et dans les écrits publics.... Toute langue étant imparfaite, il ne s'ensuit pas qu'on doive la changer. Il faut absolument s'en tenir à la manière dont les bons auteurs l'ont parlée et, quand on a un nombre suffisant d'auteurs approuvés, la langue est fixée; sinon on rendrait bientôt inintelligibles les livres qui font l'instruction et le plaisir des nations.* »

Ces lignes doivent être méditées.

La langue française mourra comme meurent toutes les langues, comme est morte la langue latine, par exemple.

Et pour voir comment arrive la fin d'une langue, il suffit de se reporter à la préface de Du Cange, auteur du Glossarium mediæ et infimæ latinitatis, c'est-à-dire, en termes vulgaires, du Glossaire de la décadence de la langue latine. Les Bénédictins, qui ont publié une édition nouvelle de cet ouvrage (on en prépare une autre en ce moment), les Bénédictins l'ont loué, non pas parce qu'ils avaient à en tirer profit, mais parce qu'ils comprenaient l'utilité d'une semblable publication.

Ils en annonçaient la réapparition avec des cris de joie, disant : Tandem prodit in publicam lucem exspectata diu, omniumque eruditorum votis expetita, Cangiani Glossarii nova editio. C'est-à-dire, en français libre : Enfin, il est venu ce jour si impatiemment attendu, ce jour que les érudits voyaient dans leurs rêces, ce jour qui va voir paraître la nouvelle édition du Glossaire de Du Cange.

Le vénérable Carpentier, chargé plus tard d'une préface, s'écrie à son tour, plein d'enthousiasme : — Le roi (c'est de Louis XV qu'il s'agit), le roi m'a permis, à moi son ami et féal, le P. Carpentier, d'avoir communication des registres qui sont au trésor de Chartres, et on me donnera communication des extraits qui pourront m'être nécessaires pour mon travail, pourvu qu'en iceux il ne se trouve rien de contraire aux droits du Roy et à ceux de la couronne. — A notre tour, fort du goût et de l'encouragement public, nous prenons la liberté de faire nous-même des recherches dans notre langue de décadence.

On ne saurait dissimuler quel est l'intérêt de ces fouilles. La destinée des langues est aussi instable que la destinée humaine ; Héraclite, Platon, Socrate ont proclamé à l'envi cette vérité : τὰ ὄντα ἱέναι τὰ πάντα, καὶ μένειν οὐδέν; μετὰ πίπτειν πάντα χρήματα, καὶ μηδὲν μένειν. Toutes choses sont appelées à disparaître ; aucune ne restera ; toutes choses périront et rien n'est éternel.

Du Cangé a pris pour exemple la langue latine, il en suit la naissance et le développement ; il en étudie la structure puissante ; il montre comment les Romains, maîtres du monde, répandent leur langage à travers les nations conquises et l'imposent aux peuples par eux asservis. Puis, peu à peu cette merveilleuse langue s'augmente à l'aide des vocabulaires voisins ; elle devient en quelque sorte tributaire des barbares ; elle s'accroît d'expressions venues de tous les points du monde : les Francs, les Normans, les Anglais glissent leurs expressions dans l'idiome. En vain l'enseignement protège cette langue ; elle devient à son tour la proie de l'invasion et le barba-

risme s'y fait légion, favorisé par les
écrivains sacrés. *Les prédicateurs de Christ,
ignorants pour la plupart, ou, s'ils étaient
érudits, contraints, pour se faire comprendre de la foule, de parler à la foule son
langage, déshonorèrent en peu de temps
l'admirable langue de Virgile et de Cicé-
ron. Puis les notaires, les tabellions, se
mirent à l'ouvrage, vinrent à la rescousse
et achevèrent la souillure. Le barbarisme
régna ; le latin, secoué, tiraillé, rongé,
dévoré par des fils dégénérés, fut véritablement déshonoré, aussi bien dans les livres saints que dans les codes.*

*Alors apparut une langue bâtarde,
sans forme, horrible, qui a besoin maintenant, pour être comprise, de l'œuvre de Du
Cange* : le Glossarium mediæ et infimæ
latinitatis.

*Nous n'avons point la prétention de
faire une œuvre si savante, mais nous nous*

y prenons à temps, ce qui rend notre tâche facile.

Nous ne prétendons pas non plus que notre langue française va subir un sort semblable à celui de la langue latine ; toutefois il est impossible de ne pas s'apercevoir qu'elle contient des germes de décomposition.

Quand on voit ce qu'est devenu le latin entre les mains des notaires et des pères de l'Église, n'est-on pas en droit de se demander ce que deviendra le français sous la plume des pornographes de l'école moderne?

Toutefois nous ne voulons rien affirmer. Que si nous prenions parti, nous sortirions de notre rôle, et l'on nous citerait vite les pornographes des siècles derniers. Nous ne répéterons pas avec Boileau, parlant de Régnier, que leurs ouvrages se ressentent des lieux qu'ils fréquentent.

Nous consentons à admettre les raisons de certains critiques prétendant que « le peuple du dix-huitième siècle n'a eu une littérature qu'à partir de Vadé, antipode de Marivaux ».

Vadé, comme tant d'autres francs-parleurs aujourd'hui inconnus, comme Lesage, Duclos, La Mettrie, Saint-Foix, Meusnier de Querlon, Vadé fut sans contredit un écrivain pittoresque, qui ne mérite point d'être condamné parce qu'il a recueilli les expressions des halles.

Il créa le genre poissard, qui jouit long-temps d'une vogue extraordinaire, en dépit des cris d'épouvante poussés par M. de Laharpe.

Du moins ce genre était gai ; le peuple s'amusait violemment, mais il s'amusait ; et sous les grossiers propos, la joie éclatait.

De nos jours on constate plus de tristesse, plus de cynisme, plus de corruption.

et par conséquent des expressions plus basses, plus viles, plus triviales, et surtout des images plus ignobles ; voilà tout ce qu'il importe de constater, en ajoutant que nos pornographes modernes n'ont inventé que des mots, et que, en définitive, selon la jolie et cruelle expression de Monselet, ils ont fait seulement « une tempête dans un baquet ».

Entre leur œuvre et l'œuvre vaillante, robuste et franche de Rabelais, il y a la même différence qu'entre un fleuve et un égout ; mais encore une fois cela ne nous importe pas.

Qu'est-ce donc qu'un pornographe ?

Le Pornographe, tel est le titre de la première partie de l'ouvrage de Rétif de la Bretonne, dont l'édition princeps date de 1769, et qui fut publié « avec une permission tacite ».

Le mot pornographe, défini par Rétif de

la Bretonne lui-même, signifie « écrivain qui traite de la prostitution, de même que le mot grec pornognomonie signifie « la règle des lieux de débauche ».

Toutefois l'excellent Rétif recule effarouché chaque fois que, dans son ouvrage scabreux, il aurait besoin d'un mot cru. De nos jours on a fait des progrès ; ce sont ces progrès de la langue qu'il importe de constater dans notre glossaire spécial.

Les glossaires ont une utilité incontestée ; ils expliquent par des gloses, c'est-à-dire par des notes explicatives, par des expressions courantes et usuelles, les mots peu connus d'une langue.

Érotien a fait un glossaire d'Hippocrate ; Du Cange, le Glossaire sur la langue grecque et le Glossaire du latin du moyen âge et de la basse latinité, Glossarium mediæ et infimæ latinitatis, *que nous avons cité.*

Énumérer les autres glossaires nous entraînerait trop loin.

Qu'il nous suffise de nommer sans ordre et au hasard de nos souvenirs bibliographiques : le Dictionnaire *de* Furetière, le Dictionnaire d'argot *de* Bailly, le Dictionnaire du bas langage *de* d'Hautel, le Dictionnaire du vieux langage *de* Lacombe, les Mots à la mode, *de* Caillière, le Dictionnaire néologique *de l'abbé* Desfontaines, le Glossaire de l'ancienne langue française *de la* Curne de Sainte-Palaye ; *et enfin, dans les temps modernes,* les Études de philologie comparée sur l'argot *de* Francisque Michel, le Dictionnaire de la langue verte *d'*Alfred Delvau, le Dictionnaire historique d'argot *de* Lorédan Larchey, *les* deux Dictionnaires du jargon parisien *et* de l'argot moderne *de* Lucien Rigaud, les Parisianismes populaires *de* Charles Nisard.

Nous pourrions pousser bien plus loin cette énumération, parce que nous avons toujours pris, ainsi que Théophile Gautier, un plaisir extrême à lire les dictionnaires, qui pourraient être intitulés les VICTOIRES ET CONQUÊTES DES MOTS.

Il faut savoir se borner.

Les titres et les auteurs par nous cités serviraient d'excuse à notre œuvre qui continue la leur, si nous avions besoin d'alléguer une excuse.

Notre mission est simple.

Nous avons cueilli, dans le jardin pornographique, les fleurs nées de la culture du réalisme et du naturalisme ; nous en avons formé une gerbe, une corbeille que nous présentons au public afin qu'il puisse juger honnêtement et en connaissance de cause les inventions de langage ou, si l'on veut, les vulgarisations de langage de cette école moderne.

Les écrivains qui s'intitulent avec une modestie douteuse les disciples de Balzac, prétendent avoir inventé quelque chose ; s'il s'agit de genre littéraire, on peut hardiment leur répondre qu'ils mentent ; mais s'il s'agit d'expressions, on doit reconnaître qu'ils ont osé ce que personne n'avait osé avant eux.

Le dessus du panier de leur cueillette dans les mauvais lieux est ramassé dans ce petit volume qui, nous le supposons du moins, permettra aux lecteurs des siècles à venir de comprendre les œuvres de ces messieurs.

Nous ne nous sommes pas donné la peine de rechercher les étymologies de ces termes grossiers ; nous nous sommes contenté de les traduire décemment, afin d'éviter aux Saumaises futurs de trop longues recherches.

Et si, par hasard, quelques pudibonds

hypocrites criaient au scandale, nous répondrions avec simplicité qu'un peuple a les glossaires qu'il mérite, et qu'il serait bien ridicule s'il blâmait un dictionnaire pornographique, à une époque où, entre autres romans, Nana et Pot-Bouille, ces chefs-d'œuvre du genre, se vendent à cent mille exemplaires.

ALLUMÉ (*Excité par la passion charnelle*).

« Georges ne disait rien, mais il flambait, ses cheveux blonds envolés, ses yeux bleus luisant comme des chandelles, tant le vice où il marchait depuis quelques jours **l'allumait** et le soulevait. »

E. ZOLA (*Nana*).

ALLUMER (S') (*Être pris de désirs violents*).

« Quand elle donnait son fameux coup de hanché, l'orchestre s'**allumait**, une chaleur montait de galerie en galerie jusqu'au cintre. »

E. ZOLA (Nana).

ANCIENNE (*Vieille fille galante*).

« Il paraît que la propriétaire du château de Chamont est une **ancienne** du temps de Napoléon. »

E. ZOLA (Nana).

ASSERMENTÉE (*Fille assermentée, fille inscrite*).

« Mélie était de la race perverse de ces fillasses de Paris qui sèchent de n'être point **assermentées**, et qui, détestant les jours qui les séparent de l'accomplissement de leur seizième année, se fabriquent dans une infâme gloriole de fausses cartes de filles. »

E. DE GONCOURT (*La Fille Élisa*).

AVACHI, AVACHIE (*Dégradé*).

« ... Elle apercevait sa mère au fond, le nez dans la goutte, **avachie** au milieu des engueulades des hommes. »

E. ZOLA (*L'Assommoir*).

AVALER LE LURON (*Communier*).

« Ça a les yeux baissés, ça **avale le
luron** tous les matins, et le soir ça fait
des noces de bâtons de chaise. »

HUYSMANS (*Les Sœurs Vatard*).

AVANT-CŒUR (*Synonyme de sein*).

« Pas d'**avant-cœurs** pour deux ronds.
Oh ! là ! là ! Mince d'planche ! »

V. MEUNIER (*Les Baisers tristes*).

AVOIR (*L'avoir, l'avoir encore, être vierge*).

« On me l'a juré, parole d'honneur !... Il l'avait encore quand il s'est marié. »

E. ZOLA (*Nana*).

BADIGEONNER (*Faire saillie*).

« .... Des bouts de langue qui **badigeonnaient** de temps en temps le coin crotté des bouches.... »

HUYSMANS (*Les Sœurs Vatard*).

BAGATELLE (*Amour charnel*).

« S'amuser à la **bagatelle.** »
            E. ZOLA (*L'Assommoir*).

BAL DE L'ESTOMAC (*Indigestion*).

« .... ne pouvant arrêter le **bal de son estomac**, elle l'accompagna, en musique, de hoquets et de points d'orgue. »
            HUYSMANS (*Les Sœurs Vatard*).

BALADEUSE (*Fille de rue*).

« La sage-femme la sachant une coureuse de barrières, une effrénée de la danse, une **baladeuse**, donnant rendez-vous à tous les jeunes garçons de la rue.... »

E. DE GONCOURT (*La Fille Élisa*).

BALAI (*Jeune fille maigre*).

« Il plaisanta crûment sur Estelle ; un joli **balai** à coller dans les bras d'un homme. »

E. ZOLA (*Nana*).

BATTRE SON QUART (*Racoler les passants*).

« .... La lamentable caricature de la prostituée, **battant son quart** dans la nuit solitaire. »

    E. DE GONCOURT (*La Fille Élisa*).

* * *

BAVER (*Synonyme de parler pour ne rien dire*).

« — Connu ! Tu l'as déjà dit ; ne **bavons** pas ! »

    HUYSMANS (*Les Sœurs Vatard*).

BAZAR (*Maison de prostitution*).

« Là, presque aussitôt une dispute avec
une camarade la faisait quitter le **bazar.** »
E. DE GONCOURT (*La Fille Élisa*).

BÉCOTER (SE) (*S'embrasser*).

E. ZOLA (*L'Assommoir*).

BÉGUIN (*Caprice*).

« Elle avait eu un commencement de
béguin, à cause de sa jolie tête. »

E. ZOLA (*Nana*).

BIBINE (*Établissement de marchand de vins*).

HUYSMANS (*Les Sœurs Vatard*)..

BIQUE (*Femme qui vieillit*).

« Une vieille **bique** de cinquante ans, une longue efflanquée qui bêlait à la lune…; madame Teston, une femme mariée…. »
HUYSMANS (*Les Sœurs Vatard*).

BIRBE (*Client passager d'une femme galante*).

« J'suis pas encore si décatie, après tout ; un coup de r'nipage, et j'en lèverais encore des **birbes**, tu verrais, des chics.
V. MEUNIER (*Les Baisers tristes*).

BIVAC DES GRACES *(Faveurs d'une femme).*

« .... se partageant en même temps le **bivac de ses grâces.** »

HUYSMANS *(Les Sœurs Vatard).*

BLETTE (adjectif). *Se dit d'une vieille femme galante.*

« Tu les aimes avancées, toi ! Ce n'est pas mûre, c'est **blette** qu'il te les faut ! »

E. ZOLA *(Nana).*

BOITE (*Fermer sa boîte, se taire*).

« Ferme ta **boîte**, ou je te crève ! »
  V. MEUNIER (*Les Baisers tristes*).

***

BONHEUR (*Faire le bonheur de quelqu'un ;
  lui plaire*).

« Non, tu sais, il ne ferait pas mon
bonheur. »
              E. ZOLA (*Nana*).

BORDEL (*Théâtre de boulevard ainsi baptisé par le Directeur d'un de ces établissements*)[1].

« Dites mon **bordel**, interrompit Bordenave, avec le froid entêtement d'un homme convaincu. »

E. ZOLA (*Nana*).

---

1. Nous croyons intéressant de rappeler la définition de ce mot, telle qu'elle est donnée dans le Dictionnaire de NAPOLÉON LANDAIS :

« BORDEL, subst. masc. (de l'allemand *Bord*), *petite maison, nom donné anciennement en Allemagne aux appartements souterrains et même fortifiés* (!) *qu'habitaient les femmes,* POUR N'ÊTRE PAS INSULTÉES !!! Quantum mutatus ab illo ! »

BOUGRESSE (*Femme du monde qui se conduit mal*).

« Cette petite madame de Chezelles est une **bougresse.** »

E. ZOLA (*Nana*).

BOULOTTE (adjectif). *Grasse.*

« Oh ! là, là, elle est rien **boulotte**. Y a de quoi manger. »

E. ZOLA (*Nana*).

~~~~~~

BOUCHÉE (Être). *Femme dans l'impossibilité d'avoir des enfants.*

E. ZOLA *(Pot-Bouille)*.

—❧—

BRAMER *(Synonyme de chanter)*.

« Tu **brames** tous les soirs d'infâmes ritournelles. »

HUYSMANS *(Marthe)*.

—❧—

BRINGUE (*Fille du peuple dont la conduite est mauvaise*).

« Sa grande **bringue** de sœur. »
E. ZOLA (*L'Assommoir*).

CAMARLUCHE (*Camarade*).

« Eh ! Bourdeau, lève-toi, c'est ton
camarluche qui t'appelle ! »

HUYSMANS (*Marthe*).

CANAILLE (*Rythme canaille, musique populaire*).

« Le rythme **canaille** de la valse avait le rire d'une polissonnerie et faisait sourire le public déjà chatouillé. »

E. ZOLA (*Nana*).

CARAMBOLER (*Se faire caramboler, s'abandonner*).

« Elle sentit que la culbute de sa petite, en train de se **faire caramboler**, l'enfonçait davantage. »

E. ZOLA (*L'Assommoir*).

CARNE (*Expression injurieuse, synonyme de vache*).

« Dis donc, sale **carne !** cria Agnès furieuse. »

V. MEUNIER (*Les Baisers tristes*).

CAROGNE (*Synonyme de revêche*),

HUYSMANS (*Les Sœurs Vatard*).

CARTE (*Être en carte*). (*Se dit d'une prostituée soumise aux règlements de la préfecture de police*).

E. ZOLA (*Nana*).

CASSER L'AGRAFE (*Se séparer*).

« Tu **as cassé l'agrafe**, tu ne veux pas y venir faire une soudure, sur le zinc, en face. »

HUYSMANS (*Les Sœurs Vatard*).

CASSER SON LACET (*Rompre une liaison*).

HUYSMANS (*Les Sœurs Vatard*).

—❦—

CATIN (*Fille publique*).

E. ZOLA (*Nana*).

—❦—

CAVALER (SE). (*Quitter la maison pater-
nelle pour se mal conduire*).

« Ça lui démangeait par tout le corps de
de se **cavaler** et d'y passer. »

E. ZOLA (*L'Assommoir*).

—❦—

CHAMEAU (*Synonyme de rosse. Se dit généralement de quelqu'un qu'on méprise
et dont on a à se plaindre*).

« C'est ce **chameau** de Rose qui a
monté le complot. »

E. ZOLA (*Nana*).

CHANDELLE (*Tenir la chandelle, se dit
d'un mari complaisant qui favorise
l'inconduite de sa femme*).

E. ZOLA (*Nana*).

CHAUD, CHÂUDE (*Érotique*).

« Tout de suite, assise sur un banc de mousse, Vénus appela Mars auprès d'elle. Jamais encore on n'avait osé une scène de séduction plus **chaude**. »

E. ZOLA (*Nana*).

***

CHAUFFER LA COLLE (*Préparer un raccommodement*).

« Je vais faire **chauffer la colle** qui doit nous réparer. Elle sera forte, je t'en réponds, et t'auras beau crier au vinaigre, elle t'arrachera la peau, si t'essaies de l'enlever. »

HUYSMANS (*Les Sœurs Vatard*).

***

CHEMISE (*Lancer sa chemise par-dessus les moulins. — Chemise est pris ici pour bonnet*).

E. ZOLA (*Nana*)

CHENAPAN (*Chenapan femelle, femme qui se prostitue*).

« ..... Un ramassis de **Chenapans femelles**, écloses pour la plupart dans un bouge et qui ont, dès l'âge de quatorze ans, éteint les premiers incendies de leurs chairs, derrière le mur des abattoirs.

HUYSMANS (*Les Sœurs Vatard*).

CHIC (*Femme chic, femme à la mode*).

« Alors Nana devint une femme **chic**, rentière de la bêtise et de l'ordure des mâles, marquise des hauts trottoirs. »

E. ZOLA (*Nana*).

CHIEN (*Un chien, synonyme de chic*).

« Elle vous a un **chien**... »

E. ZOLA (*Nana*).

CHIEN (*Mot affectueux*).

« Elle lui jura qu'il était le **chien** aimé,
le seul petit homme qu'elle adorât. »

E. ZOLA (*Nana*).

———✦———

CHIENNE (*femme ardente*).

« Une telle courait comme une **chienne**
après un homme qui se moquait d'elle. »
HUYSMANS (*Les Sœurs Vatard*).

———✦———

CHIER DU POIVRE (*Donner du tourment à sa famille*).

« Oh ! ils l'avaient prédit que la petite leur **chierait du poivre !** »

E. ZOLA (*L'Assommoir*).

—◦❈◦—

CHOPPER (*Faire une faute*),

HUYSMANS (*Les Sœurs Vatard*).

—◦❈◦—

COCHON (Adjectif). (*Indécent, décolleté*).

« Mon cher, vous allez voir le costume
de ma femme, au second acte.... Il est
d'un **cochon** ! »

E. ZOLA (*Nana*).

COCHONNERIE (*Mauvaise action*).

« ... Pas un homme, entends-tu, n'a une
cochonnerie à me reprocher. »

E. ZOLA (*Nana*).

COCOTTE (*Femme légère*).

E. ZOLA (*Nana*).

—◆—

COLLAGE (*Concubinage. — Quelquefois M. Zola, prenant l'objet pour la chose, désigne de ce nom la concubine*).

« Ce n'est pas une femme à Foucarmont ; c'est le **collage** à ce monsieur là-bas. »

E. ZOLA (*Nana*).

—◆—

COLLER (*Se coller un homme sur le dos.*
Se marier).

E. ZOLA (*Nana*).

COLLER UNE AFFAIRE (*Rendre une femme*
enceinte).

« Il lui a collé son affaire... »
E. ZOLA (*Pot-Bouille*).

COMPOTE (*État de maladie du ventre*).

« Elle avait tout le bas en **compote**. »
E. ZOLA (*Pot-Bouille*).

CORNICHE (*Contour*).

« ... Sa robe l'étreignait comme un vête-
ment japonais, dessinant le serpentement de
sa gorge, la **corniche** de ses hanches. »
HUYSMANS (*Marthe*).

COUCHE-DEHORS et L'AMOUREUX (*Surnoms gracieux donnés aux seins d'une femme*).

« Comme Jeanne dormait du côté droit, son téton du côté gauche était souvent à l'air au réveil. Julien, l'ayant remarqué, appelait celui-là M. **de couche-dehors** et l'autre M. **Lamoureux**, parce que la fleur rosée du sommet semblait plus sensible aux baisers. »

GUY DE MAUPASSANT (*Une Vie*).

COUCHER (*Coucher avec quelqu'un. Le posséder*).

E. ZOLA (*Nana*).

COULER DES REGARDS (*Regarder en dessous*).

« La gamine **coulait des regards** sur les jambe nues de la dame. »

E. ZOLA (*Nana*).

COUP DE PLUMEAU (*Se faire donner un coup de plumeau. Avoir un amant*).

« Maintenant, dit Victoire, elle se **fait donner un coup de plumeau** par le commis de son homme.... Pas de danger qu'il y ait de la poussière ! »

E. ZOLA (*Pot-Bouille*).

COUPER DANS LA POMMADE (*Être dupe*).

HUYSMANS (*Les sœurs Vatard*).

—⚜—

COUPER LES VIVRES (*Refuser à une
femme les caresses qu'elle se croit
en droit d'exiger*).

« ... Si la tante ne donne pas la nièce,
bonsoir, il lui **coupe les vivres**....

— Hortense, par décence, se mit à boire
son café.... »

E. ZOLA (*Pot-Bouille*).

—⚜—

CRACHE-LOUIS (*amant qui paye*).

« Pouvait-elle dans les hommes voir autre
chose que des **crache-louis?** »
V. MEUNIER (*Les Baisers tristes*).

———

CRACHER SES CHICOTS (*Façon de chanter, expression poétique*).

Un basson qui nasille, un vieux qui
[s'époumone
à cracher ses chicots dans le cou d'un
[trombone.
HUYSMANS (*Marthe*).

———

CRAPOUCIN (*Homme laid, ressemblant à un crapaud*).

« C'était un **crapoucin** bonasse et un jovial compère que ce commerçant coureur de guilledous. »

HUYSMANS (*Marthe*).

—❧—

CRAPULE (*Synonyme de débauche*),

« Elle se sentait écœurée et lasse comme au sortir de longues **crapules**. »

HUYSMANS (*Marthe*).

—❧—

CRAPULE (*Terme injurieux qui quelquefois s'emploie amicalement*).

« ... On aime son petit père... appellemoi papa, **crapule**. »

E. ZOLA (*Nana*).

CRAPULE (*La crapule du vice. Raffinement de perversion*).

E. ZOLA (*Nana*).

CRÊPER LA TIGNASSE (Se). — *Se prendre aux cheveux.*

« Elle finissait par **se crêper la tignasse** avec une camarade assez malhonnête pour lui avoir pris son amant et assez taquine pour la braver. »

HUYSMANS (*Les Sœurs Vatard*).

———

CREVANT (*Ennuyeux*).

E. ZOLA (*Nana*).

CUISSES (*Se taper sur les cuisses. Moyen de témoigner sa satisfaction*).

E. Zola (*Nana*).

—◦✕◦—

CUVE HUMAINE (*Grosse femme*).

« ... La tirade éjaculée par la bonde de cette **cuve humaine**... »

HUYSMANS (*Marthe*).

—◦✕◦—

DAME (*Synonyme de fille publique*).

« Aucune de ces **dames** ne lui cherchait misère.

E. DE GONCOURT (*La Fille Élisa*).

DAME DE COMPAGNIE (*Synonyme de prostituée de province*).

« ... Les filles les plus indignes sortent de leurs rôles d'humbles machines à amours, se transforment en espèces de **dames de compagnie**, associées à l'existence paresseuse des jeunes bourgeois. »

E. DE GONCOURT (*La Fille Élisa*).

—◦✠◦—

DARDANT (*Le*). *L'Amour*.

« .... Une voix de pauvresse célébrait la gloire de l'amour et les ineffaçables victoires du petit « **Dardant** ».

HUYSMANS (*Marthe*).

—◦✠◦—

DÉBALLAGE (*Déshabillé*).

«.... Ça ne m'épate plus ; faut voir ça au
déballage. »

E. ZOLA (Nana).

—◦⋛◦—

DÉBOUCHER (*Déboucher une femme. Avoir
des rapports intimes avec elle*).

E. ZOLA (Pot-Bouille).

—◦⋛◦—

DÉBRINGUÉ (*Allure débringuée, allure de voyou*).

« Il partit avec cette allure **débringuée** qui le rendait irrésistible auprès des femmes. »

HUYSMANS (*Les Sœurs Vatard*).

———

DÉCRÉPIR LA FACE (*Se faner*).

« Au fond tous ces amours au début lui **décrépissaient la face** et ne la contentaient guère. »

HUYSMANS (*Les Sœurs Vatard*).

DÉCROCHER UN GARÇON (*Se dit d'une femme qui n'a que des filles et ne peut parvenir à accoucher d'un garçon*).

E. ZOLA (*Pot-Bouille*).

———❧———

DÉGOSILLER UN COUPLET (*Chanter*).

«.... Je me gargarise d'une roulade ratée, j'empoigne le public... Allons, **dégosille ton couplet** ; je t'apprendrai, à mesure que tu le goualeras, les nuances à observer. »

HUYSMANS (*Marthe*).

———❧———

DÉGOULINER (*Tomber*).

« Une grosse larme lui **dégoulina** des cils. »

HUYSMANS (*Les Sœurs Vatard*).

———— ❦ ————

DERRIÈRE (*A derrière ouvert*). *Nouvelle manière de saluer.*

« Elles souhaitèrent alors, très enchantées, le bonsoir, firent un salut à **derrière ouvert**, et s'en furent se laver à la pompe... »

HUYSMANS (*Les Sœurs Vatard*).

———— ❦ ————

DESSOUS (*Dessous secrets. Ce que cachent les femmes*).

HENRY CÉARD (*Soirées de Médan*).

—❦—

DÉTELER (*Ne plus songer à l'amour*).

« Dans sa jeunesse il était un fort endiableur de filles ; à cette heure il avait **dételé**, mais il aimait encore la société des femmes folles de leur corps. »

E. DE GONCOURT (*La Fille Élisa*).

DONNER DANS LE TRAVERS (*Se laisser séduire*).

E. DE GONCOURT (*La Fille Élisa*).

DONNER DE SON CORPS (*Se prostituer*).

« Quand la Tricon n'avait pas besoin d'elle, elle ne savait où **donner de son corps**. »

E. ZOLA (*Nana*).

DONNER DES IDÉES (*Synonyme d'exciter*).

« Elle n'agaçait guère les hommes ; cependant, leurs bêtises lui causaient si peu de plaisir, qu'elle restait sale exprès afin de ne pas **leur donner des idées.** »

E. ZOLA (Pot-Bouille).

DROLICHON (*Folâtre, amusant*).

« Quand on a eu le malheur d'épouser un piano mécanique qui met en fuite le monde, on serait bien bête de ne pas se faire ailleurs un petit intérieur **drolichon** où l'on puisse recevoir ses amis en pantoufles. »

E. ZOLA (Pot-Bouille).

ÉBOULÉ, ÉBOULÉE (*Étendu paresseuse-ment*).

« Elle gisait depuis vingt minutes **éboulée** sur un amas de coussins... »

HUYSMANS (*Marthe*).

ÉCORCHE-CUL (*Se frotter à l'*). *Se rouler
sans ménagements.*

« .... Les enfants se frottant à l'**écorche-
cul** dans l'eau des ruisseaux.... »
HUYSMANS (*Les Sœurs Vatard*).

—❦—

ÉCUELLÉE D'ORDURES (*Enumération
d'épithètes injurieuses*).

« ... On se déverse sur la tête de pleines
écuellées d'ordures. »
HUYSMANS (*Les Sœurs Vatard*).

—❦—

ÉCULÉ (*Fatigué*).

« Les ouvrières brisées par la fatigue, **éculées** par les sommes, la tête dans les poings.... »

HUYSMANS (*Les Sœurs Vatard*).

EMBALLÉ (*Éloigné*). *Se dit des gens dont on parvient à se débarrasser.*

« Enfin, les deux vieux étaient **emballés!** »

E. ZOLA (*Nana*).

EMBALLÉ, EMBALLÉE (*Être emballée, être arrêtée par la police*).

« .... Le départ effaré d'un troupeau de femmes brutalement **emballées** par les agents.... »

E. ZOLA (Nana).

EMMERDER (S'). *S'ennuyer.*

« Que fais-tu donc là, Satin?

— Je m'**emmerde**, répondit Satin tranquillement, sans bouger.

« Les quatre hommes, charmés, se mirent à rire. »

E. ZOLA (Nana).

EMMERDEUR (*Personnage ennuyeux*).

« Frappe trois coups, parce qu'il y a un tas d'**emmerdeurs**. »

E. ZOLA (*Nana*).

—❧—

EMPAILLÉ (*L'air empaillé, l'air fier*).

« La mère de Caroline, très digne, l'air **empaillé**. »

E. ZOLA (*Nana*).

—❧—

EMPAUMER (*Empaumer quelqu'un, faire sa conquête*).

« Et ça **empaumait** des chefs de bureau par ses airs modestes. »

E. ZOLA (*Nana*).

———❦———

EMPOCHER (*Recevoir des coups*).

« Frontan lui lâchait des claques. Elle, accoutumée, **empochait ça**. »

E. ZOLA (*Nana*).

———❦———

EMPOCHER (*Empocher un homme, l'agréer*).

« Cette grosse bête de souillon **empochait les hommes**, comme les gifles, l'échine tendue. »

E. ZOLA (*Pot-Bouille*).

—◦◦—

EMPOIGNER (*Empoigner quelque chose*). Être atteint d'une maladie vénérienne.

« Au dehors on ne sait pas ce qu'un jeune homme peut **empoigner** quand il commence trop jeune ! »

E. ZOLA (*Pot-Bouille*).

—◦◦—

ÉPONGE (*Synonyme de maîtresse*).

« ... que je te fasse voir mon **éponge**... »
HUYSMANS (*Les Sœurs Vatard*).

—◦❦◦—

ÉPOUSSETER (*Se faire*). *Avoir un amant.*

« .... Son chameau de bonne.... Peut-être
bien que le bel Octave l'**époussette** aussi
dans les encoignures. Le patron a dû l'em-
baucher pour faire les enfants, ce grand
serin-là ! »

E. ZOLA (*Pot-Bouille*).

—◦❦◦—

ENRAGER (S'). *Devenir éperdument amou-*
reux.

« Prullière s'**enrageait** après ses jupes. »
E. ZOLA (*Nana*).

ÉTALAGE (*Pour une femme signifie :*
exhibition de ses charmes).

« Celles des femmes dont les rondeurs
sont suffisantes viennent là montrer à nu
leur **étalage** et faire le client. »
GUY DE MAUPASSANT (*La Femme de Paul*).

ÉTEINDRE DE LA BRAISE (*Ramasser de l'argent*).

« Eh! Confiat? cria-t-il au garçon, voilà de la **braise**, **éteins-la**, il y a cinq chopines à payer... »

HUYSMANS (*Marthe*).

ÉTRENNER (*Attraper une vilaine maladie*).

« Ce butor de cocher qui les prend toutes, a **étrenné** également, au point qu'il en tire encore la jambe.... »

E. ZOLA (*Pot-Bouille*).

FAIRE (FAIRE UN AMANT). *Se l'attacher ou le prendre à quelqu'un.*

« Est-ce que, du moment où deux femmes se trouvaient ensemble avec leurs amants, la première idée n'était pas de **se les faire**. »

E. ZOLA (*Nana*).

FAIRE BOUM (*Se laisser aller*).

« Il n'ignorait pas comment se pratique cette agréable chose que les ouvrières appellent **faire boum.** »

> HUYSMANS (*Les Sœurs Vatard*).

FAIRE ÇA (*Synonyme de bagatelle et de faire boum*).

> E. ZOLA (*Nana*).

FAIRE LE CLIENT (*Séduire un homme*).

GUY DE MAUPASSANT (*La Femme de Paul*).

FAIRE SON HEURE (*Signifie, pour une prostituée, se promener pendant une heure, sur le trottoir de la maison, afin d'attirer les passants*).

« Au dehors, qu'il plût, qu'il neigeât, qu'il gelât, Élisa était tenue de **faire son heure**.... »

E. DE GONCOURT (*La Fille Élisa*).

FAITE (ÊTRE FAITE). *Être séduite.*

« Ce n'est pas moi bien sûr ; c'est l'autre qui vous l'a **faite**. »

E. ZOLA (*Nana*).

FALOT, FALOTE (*adjectif*). *Luisant.*

« .... Ses camarades, des beautés **falotes** et vulgaires, des caillettes agaçantes, des hommasses et des maigriotes, étendues sur le ventre, la tête dans les mains, accroupies comme des chiennes, accrochées comme des oripeaux sur des coins de divans.... »

HUYSMANS (*Marthe*).

FAUBOURG (*Synonyme de derrière*).

« Je vous détruirai le **faubourg** à coups
de bottes. »

   HUYSMANS (*Les Sœurs Vatard*).

—◆—

FLAMBE (*Synonyme de flamme*).

« .... Le pompier avait des **flambes** dans
les yeux quand il regardait le dessous des
jupes des danseuses.... »

   HUYSMANS (*Marthe*).

—◆—

FLEUR DE MARI (*Virginité*).

HUYSMANS (*Les Sœurs Vatard*).

FOSSE (*Dessous des bras*).

« La **fosse** des aisselles à jour sous la
chemise craquée. »

HUYSMANS (*Les Sœurs Vatard*).

FOUILLE-AU-POT (*Débauché qui aime à palper les femmes*).

« Un vrai **fouille-au-pot**, qui tâtait sa jupe par derrière, dans la foule, sans avoir l'air de rien. »

E. ZOLA (*L'Assommoir*).

—◦❀◦—

FOUILLONNÉ (*adjectif*). *Chiffonné*.

« .... La couche était défaite, les couvertures **fouillonnées** au hasard des plis, les oreillers aplatis, les cornes en avant. »

HUYSMANS (*Marthe*).

—◦❀◦—

FRÉTILLER DE LA CROUPE (*Remuer le derrière en dansant*).

« Et elles balançaient leurs ventres, **frétillaient de la croupe**, secouaient leurs seins, répandant autour d'elles une senteur énergique de femmes en sueur. »
GUY DE MAUPASSANT (*La Femme de Paul*).

***

FRIPONNER (*Se caresser, s'agacer*). *Ce que nos ancêtres appelaient* « *la petite oie* ».

« ... Après qu'ils eurent **friponné** dans des endroits noirs, ils devinrent amants, un jour qu'il pleuvait et qu'il s'offrit à lui aller chercher du fromage de cochon pour son déjeuner. »
HUYSMANS (*Les Sœurs Vatard*).

***

FRIPOUILLE (*Individu malpropre*).

« .... Sa comtesse le fait cocu avec cette **fripouille** de Fauchery. »

E. ZOLA (*Nana*).

FUMET (*Parfum de la femme*).

« Des effilés et des dentelles un **fumet** de femme mûre se dégage et de chair amoureuse délicieusement faisandée. »

HENRY CÉARD (*Soirées de Médan*).

GABION (*Synonyme de grosseur*).

« Madame Voblat, un **gabion** de suif, une bombance de chairs mal retenue par les douves d'un corset.... »

HUYSMANS (*Les Sœurs Vatard*).

GACHEUSE (*Femme dépensière*).

E. ZOLA (*Nana*).

—❦—

GADOUE (*Synonyme de merde; s'emploie comme épithète injurieuse*).

« Attends, **gadoue** ! »
E. ZOLA (*L'Assommoir*).

—❦—

GALBE (*Contour d'une femme*).

« Le **galbe** de Nana.... »
E. ZOLA (*Nana*).

—❦—

GALE (*S'emploie dans le sens de maladie morale*).

«.... Elle gardait le bagou parisien, une **gale** de drôlerie attrapée en se frottant aux hommes. »

E. ZOLA (*Pot-Bouille*).

GANTER (*Ganter quelqu'un, le séduire*).

« **Gante**, comme j'ai fait, un vieux qui soit marié, ou un petit jeune homme qui ne se lassera qu'après s'être laissé ruiner. »

HUYSMANS (*Marthe*).

GARCE (*Actrice du second ordre dans un théâtre de genre*).

« Lorsqu'une de ces petites femmes ne marchait pas droit, il lui allongeait un coup de pied dans le derrière. Autrement, pas moyen de vivre. Il en vendait. Il savait ce qu'elles valaient, les **garces** ! »

> E. ZOLA (*Nana*).

GARGAMELLE (*Bouche*).

«... Ginginet s'était teint la **gargamelle** d'un rouge des plus vifs ; il prétendait avoir dans la gorge des dunes qu'il arrosait à grandes vagues de vins.... »

> HUYSMANS (*Marthe*).

GARGOULETTE (*Synonyme de visage de femme*).

«.... Ces énormes truies dont les soies craquent sur les chairs massées et qui gouaillent, le bec en l'air, avec des rires qui leur secouent la **gargoulette** et leur font danser le ventre. »

HUYSMANS (*Les Sœurs Vatard*).

GAULE-BON-TEMPS (*Homme d'une gaieté triviale et communicative*).

«.... Ce diable d'homme était si déluré, si jovial, il avait l'air d'un si vrai **gaule-bon-temps**, qu'elle finit par lier conversation avec lui. »

HUYSMANS (*Marthe*).

GAULER LE FESSIER (*Battre quelqu'un*).

«.... Celui-là lui **gaula le fessier** à coups de bottes. »

HUYSMANS (*Les Sœurs Vatard*).

GAUPE (*Synonyme de femme dévergondée*).

« Un soir, dans un bal où elle cherchait fortune en compagnie d'une grande **gaupe**.... »

HUYSMANS (*Marthe*).

GAVIOT (*Gorge. Serrer le gaviot, étrangler; faire payer les hommes*).

« **Serrez-leur le gaviot.** »

E. ZOLA (*Nana*).

—◈—

GEIGNERIE (*Cri d'amour*).

« Marthe ne mentira pas maintenant qu'elle n'aura plus l'occasion de simuler les **geigneries** du parfait amour. »

HUYSMANS (*Marthe*).

—◈—

GIGOLETTE (*Femme de mauvaise vie*).

« Maison bondée de roulures ou foisonnant de **gigolettes** propres à dégourdir un homme. »

HUYSMANS (*Les Sœurs Vatard*).

GLOUSSER (*Synonyme de parler*).

« Qu'est-ce qu'elle a à **glousser**, celle-là ? »

V. MEUNIER (*Les Baisers tristes*).

GNOLLE (*Femme bête*).

HUYSMANS (*Les Sœurs Vatard*).

—◦❖◦—

GODAILLER (*Faire bonne chère*).

E. ZOLA (*Pot-Bouille*).

—◦❖◦—

GODAILLEUSE (*Femme gourmande*).

« .... Céline la **godailleuse**, dont le sang fourmillait dans les veines. .. »
HUYSMANS (*Les Sœurs Vatard*).

—◦❖◦—

GONSESSE (*Synonyme de catin*).

« Tous des portiers et des lampistes, et avec cela des **gonsesses** en soie et des pommadins ! »

HUYSMANS (*Marthe*).

———

GOUAPE (*Synonyme de coquine*).

HUYSMANS (*Les Sœurs Vatard*).

———

GOUGE (*Prostituée*).

« Il fut presque sur le point de retomber sous le charme, tant elle était fascinante, cette **gouge** aux prunelles claires. »

HUYSMANS (*Marthe*).

—✦—

GRELUCHON (*Le greluchon de Nana*).

« Garçon qui a mangé trois cent mille francs avec les femmes et qui ensuite bibelote à la Bourse pour leur payer des dîners de temps à autre. »

E. ZOLA (*Nana*).

—✦—

CRUE (*Terme injurieux lorsqu'il s'adresse à une femme*).

« Sale **grue !** »

E. ZOLA (*Nana*).

———❦———

GUENILLE (*Fille mal mise*).

« Des **guenilles** de figurantes. »

E. ZOLA (*Nana*).

———❦———

GUENON (*Synonyme de femme légère*).

HENRY CÉARD (*Soirées de Médan*).

———◆———

GUEULE (*Vilain visage*).

« Je le vois, dit-elle. Oh ! cette **gueule** ! »
E. ZOLA (*Nana*).

———◆———

INFECT, INFECTE (*Acteur ou actrice qui n'est pas du goût des spectateurs*).

« **Infecte** ! Elle est **infecte** ! »

E. ZOLA (*Nana*).

JEUNER (*Être chaste*).

« Ce cafard ! ça vous a pris des habitudes ;
ça ne peut **jeûner** seulement huit jours ! »

E. ZOLA (*Nana*).

———

JONQUILLE (*Fleurir de*) (*Tromper un homme*).

« En échange de toutes ces liches, de
toutes ces bitures, tu me turlupines comme
un gogo, tu me **fleuris de jonquille**, en
veux-tu, en voilà ! C'est guignolant à la
fin ! »

HUYSMANS (*Marthe*).

———

LACHER (*Lâcher quelqu'un, L'abandonner*).

« Dianc se plaint que Mars la **lâche** pour Vénus. »

E. ZOLA (*Nana*).

LACHÉ, LACHÉE (*Abandonné*).

« Cela sentait la fille **lâchée** trop tôt par son premier monsieur sérieux. »

E. ZOLA (*Nana*).

LACHER SA PEAU (*Se négliger*).

« D'affreuses vieilles ballonnées, **lâchant** leur peau. »

E. ZOLA (*Nana*).

LANÇAGE (*Début d'une fille dans la galanterie*).

« **Lançage** manqué, entravé par des refus de crédit et des menaces d'expulsion. »

E. ZOLA (*Nana*).

LANTIPONNER (*Flâner*).

« Ils **lantiponnaient**, bras dessus, bras dessous, et récitaient à mi-voix, au fil des murailles, les litanies balbutiantes des tendresses. »

HUYSMANS (*Les Sœurs Vatard*).

LEVÉ, LEVÉE (*Se faire lever*). *Provoquer un homme et se faire emmener par lui.*

«.... Des débutantes **levées** dans un bastringue. »

E. ZOLA (Nana).

LICHADE (*Action de boire*).

« ... De copieuses **lichades** qu'ils s'offrirent au tourniquet.... »

HUYSMANS (*Les Sœurs Vatard*).

LIMACE (*Synonyme de dame de charité*).

HUYSMANS (*Les Sœurs Vatard*).

———◆◆———

LIMANDE (*Synonyme de femme maigre*).

HUYSMANS (*Les Sœurs Vatard*).

———◆◆———

LOFFIAT (*Synonyme de Lovelace de bas étage*).

« C'était un homme sale, un **loffiat**.... »
HUYSMANS (*Les Sœurs Vatard*).

<hr>

LOUP (*Voir le loup*). *Perdre sa virginité.*

« Nana reniflait, se grisait, lorsqu'elle sentait à côté d'elle une fille qui avait déjà vu le loup. »
E. ZOLA (*L'Assommoir*).

LUISARDE (*Synonyme d'étoile de théâtre*).

« .... Si elle a un tantinet de voix, je l'engage séante : une **luisarde** ramassée chez un mannezingue (*marchand de vins*). Je lui apprends le chant et l'art dramatique en quinze jours. »

HUYSMANS (*Marthe*).

MADAME (*Directrice d'une maison de prostitution*).

« **Madame,** la grasse et bedonnante **Madame,** occupée à se rassembler, à se ramasser, repêchant autour d'elle sa graisse débordante, calant avec un revers de table des coulées de chair flasque; **Madame** toute la soirée, remontant ses seins avachis, d'une main.... »

E. DE GONCOURT (*La Fille Élisa*).

MAGNES (*Manières*).

« En v'là une qu'est tannante... As-tu
fini tes **magnes ?**...Il t'a lâchée, ça prouve
qu'il avait assez de toi; voilà ! »

V. MEUNIER (*Les Baisers tristes*).

MAQUEREAU (*Homme qui vit des femmes*).

E. ZOLA (*Nana*).

MARINER (*Synonyme de flotter*).

« ... Une actrice énorme dont le nez **marinait** dans un lac de graisse... »

HUYSMANS (*Marthe*).

MÂTINE (*Femme ardente*).

« ... Une grande **mâtine** qui avait couru aux hommes dès les premiers frissons de sa puberté. »

HUYSMANS (*Les Sœurs Vatard*).

MATOU (*Synonyme d'homme passionné*).

« Ah ! le **matou** venait pour **Nana !** Eh bien ! c'était gentil à quinze ans et demi de traîner des hommes à ses jupes ! »

E. ZOLA (*L'Assommoir*).

—※—

MICHÉ (*Amant de passage qui paye une femme galante*).

« Peux-tu dire que j' t'ai pas toujours apporté toute la braise que les **michés** m'aboulaient ? »

V. MEUNIER (*Les Baisers tristes*).

—※—

MISTOUFE (*Bataille, synonyme de crépage de chignon*).

« Oh ! zut ! va y avoir un coup d'**mis-toufe** ! »

V. MEUNIER (*Les Baisers tristes*).

—❧—

MONSIEUR (*Synonyme de client d'une femme galante*).

Il y a un **Monsieur**. Le **Monsieur**.

E. ZOLA (*Nana*).

—❧—

MONTANTS DE SOIE *(Bas de soie).*

« Des **montants de soie** dans de vieux **ripatons** » (jambes).

     HUYSMANS *(Les Sœurs Vatard).*

— ❦ —

MONTRER *(En montrer trop, être trop décolletée).*

     E. ZOLA *(Nana).*

— ❦ —

MORCEAU DE BOIS (*Homme ou femme insensible*).

« Et tu crois que ta femme est un vrai **morceau de bois !** »

E. ZOLA (*Nana*).

—⚜—

MORUE (*Épithète injurieuse*).

« Je vas te dessaler, grande **morue !** »

E. ZOLA (*L'Assommoir*).

—⚜—

MOUCHER (*Action amoureuse*).

« .... Oui, petite garce, j'avertirai Clémence. Elle t'arrangera... Quelle dégoûtation ! ça **mouche** déjà des hommes, quand ça aurait encore besoin d'être mouchée ! »

E. ZOLA (*Pot-Bouille*).

MOULE (*Être moule, être niais*).

« Elles me disent que je suis rudement **moule** de m'faire tant de bile à propos d'un homme ! »

V. MEUNIER (*Les Baisers tristes*).

MOULE ENSALOPÉ (*Tête d'ouvrière*).

« .... Les femmes étaient étonnées de sentir bon..... comme si une larme de musc et d'ambre avait pu modifier le **moule ensalopé** de leur tête.... »

HUYSMANS (*Les Sœurs Vatard*).

—❋—

MUFE (*Personnage grossier*).

E. ZOLA (*Nana*).

—❋—

NÉANT (*Maigreur de la poitrine*).

« Le **néant** d'une vierge mangée d'anémie ».

E. ZOLA (*Au Bonheur des Dames*).

NETTOYER (*Nettoyer quelqu'un, le ruiner*).

« Elle vous **nettoyait** un homme, rien qu'à souffler dessus. »

E. ZOLA (*Nana*).

NEZ (*Avoir le nez, avoir de la finesse pour découvrir parmi les passants celui qui paye cher*).

E. ZOLA (*Nana*).

NOCE (*Orgie*).

« Un bruit de **noce** à tout casser sortait par les fenêtres. »

E. ZOLA (*Nana*).

—⁂—

NOURRISSEUR (*Entreteneur*).

« Oui, je sais bien, tu as un **nourrisseur** qui te vésuve des jaunets, quand tu lui dis : Mon prince. »

HUYSMANS (*Les Sœurs Vatard*).

—⁂—

OFFRIR (*Se l'offrir, synonyme de se la payer, obtenir les faveurs d'une femme*).

« J'me l'**offrirais** ben tout d'même. »
V. MEUNIER (*Les Baisers tristes*).

OPINER DE LA HURE (*Approuver de la tête*).

HUYSMANS (*Les Sœurs Vatard*).

—❊—

ORDURE (*Mot grossier, lâcher une ordure*).

« Maria Blond **lâcha une ordure**, tandis que Lucy se fâchait, déclarant qu'il fallait honorer la vieillesse. »

E. ZOLA (*Nana*).

—❊—

ORDURE (*Synonyme de liaison amoureuse*).

« Coupeau, que ne lâchait pas le désir d'avoir Gervaise, plaisantait, tournait tout à l'**ordure**. »

E. ZOLA (*L'Assommoir*).

PAILLASSE A SOLDATS (*Prostituée au service des soldats*).

E. ZOLA (*L'Assommoir*).

PAIN DE GRAISSE (*Femme colosse*).

HUYSMANS (*Les Sœurs Vatard*).

PANIER AUX CROTTES (*Synonyme de derrière*).

« Il aperçut la mâtine qui filait vite vers le bas de la rue, en secouant son **panier aux crottes.** »

E. ZOLA (*L'Assommoir*).

PAQUET (*Poitrine de femme*).

« Anatole, très réjoui, soupesa la poitrine de sa femme et cria : A papa, tout le **paquet !** »

HUYSMANS (*Les Sœurs Vatard*).

—⚜—

PASSADE (*Liaison d'une nuit ou d'un moment*).

E. ZOLA (*Nana*).

—⚜—

PASSER (*Y passer, se laisser séduire*).

E. ZOLA (*Nana*).

—⸰⸳⸰—

PASSER QUELQU'UN (*S'en débarrasser en l'abandonnant à une autre femme*).

« Si elle pouvait le **passer** à sa bonne, je vous assure qu'elle se débarrasserait vite de la corvée. »

E. ZOLA (*Pot-Bouille*).

—⸰⸳⸰—

PASSER DEVANT LA GLACE (*Ne pas payer*).

« Elle n'avait jamais donné à un homme le droit de **passer devant la glace**, expression qui désigne l'entrée de faveur accordée, par la maitresse d'une maison, à l'amant d'une fille. »

E. DE GONCOURT (*La Fille Élisa*).

PAVÉ (GÉNÉRAL). (*Synonyme de rue*).

« Ton entreteneur à toi, c'est le **Général Pavé**. »

HUYSMANS (*Les Sœurs Vatard*).

PAYER (*Se payer quelqu'un, se le procurer ou gratuitement ou avec de l'argent*).

« ... Tu te **paies des hommes**; c'est clair! »

E. ZOLA (*Nana*).

———

PEAU (*Avoir quelque chose dans la peau, être en proie à des passions violentes*).

E. ZOLA (*Pot-Bouille*).

———

PEAU NEUVE (*Faire peau neuve, changer d'amant*).

« Elle parlait des deux anciens messieurs de Madame, du négociant et du Valaque, que Nana s'était décidée à congédier, certaine de l'avenir, désirant faire **peau neuve** comme elle le disait. »

E. ZOLA (*Nana*).

PERSIL (Faire son). (*Faire le tour du lac, en voiture, pour raccrocher des hommes*).

« .... Elle faisait son **persil**.... »

E. ZOLA (*Nana*).

PIGNOUF (*Homme peu à son aise*).

« Je l'ai mis dans le cabinet du fond qui n'est pas meublé. C'est là que je loge les **pignoufs !** »

E. ZOLA (*Nana*).

———

PIMPER (*Pimper des prunelles, regarder effrontément*).

HUYSMANS (*Les Sœurs Vatard*).

———

PINCE-CUL (*Bal public*).

HUYSMANS (*Les Sœurs Vatard*).

—◦✕◦—

PINCÉE (*Être pincée; femme qui devient enceinte*).

E. ZOLA (*Nana*).

—◦✕◦—

PINCER (*Pincer quelqu'un, le prendre en faute*).

« Junon, en fermière, **pinçait** Jupiter avec sa blanchisseuse et le calottait. »

E. ZOLA (*Nana*).

—◦❦◦—

PIOLLE (*Maison de prostitution*).

« Je t'ai tirée de la **piolle** où tu gisais les quatre fers en l'air; je t'ai fait rayer des contrôles de la Préfecture. »

HUYSMANS (*Marthe*).

—◦❦◦—

PIS (*Synonyme de sein de femme*).

« Des femmes, le **pis** en l'air.
    HUYSMANS (*Les Sœurs Vatard*).

— ❀ —

PISSER A L'ANGLAISE (*S'échapper*).

« Elle avait demandé à son vieux trois sous pour un petit besoin et le vieux l'attendait encore. Dans les meilleures compagnies on appelle ça **pisser à l'anglaise**. »
    E. ZOLA (*L'Assommoir*).

— ❀ —

PISSER DES ENFANTS (*Être mère*).

« Si nous voulions nous offrir le luxe de
ne **pisser que des enfants légitimes**... »
HUYSMANS (*Les Sœurs Vatard*).

PIVOINER (*Devenir rouge*).

HUYSMANS (*Les Sœurs Vatard*).

PLAISANTERIE (*Se dit des hommes qui ne payent point les femmes*).

« Cette fois il fallait ouvrir l'œil, car les hommes ne songeaient qu'à la **plaisanterie**. »

E. ZOLA (*Nana*).

PLEIN, PLEINE (*Être plein, avoir trop bu*).

E. ZOLA (*Nana*).

POILS (*Expression poétique*).

« Nana levait les bras ; on apercevait aux feux de la rampe les **poils d'or de ses aisselles.** »

E. ZOLA (Nana).

—◦◦◦—

POINTE (*Extrémité du sein*).

« Sa gorge d'amazone dont les **pointes** roses se tenaient levées et rigides comme des lances, ses larges hanches qui roulaient dans un balancement voluptueux, ses cuisses de blonde grasse, tout son corps se devinait, se voyait sous le tissu léger d'une blancheur d'écume. »

E. ZOLA (Nana).

—◦◦◦—

POLISSON (*Adjectif*). *Excitant.*

« La valse de l'ouverture, cette valse au rythme **polisson**. ... »

E. ZOLA (*Nana*).

———

POSER, FAIRE POSER (*Ne rien accorder*).

« Cela l'enchantait de faire **poser les hommes**. »

E. ZOLA (*Nana*).

———

PRISE (*Être prise*). Verbe. *Ne pouvoir disposer de sa nuit.*

« Pas possible, ce soir, mon chéri, je suis **prise** ! »

E. ZOLA (Nana).

PUTAIN (*Fille publique*).

E. ZOLA (Nana).

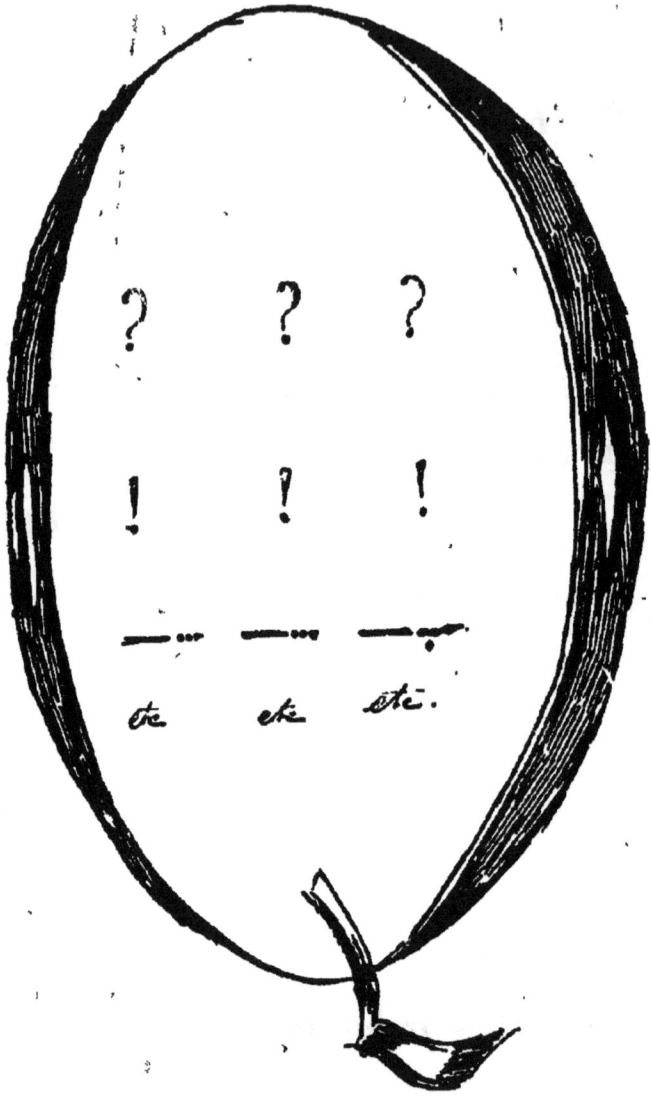

QUELQUE PART (*Avoir quelqu'un, ou quelque chose, quelque part : en faire fi, le prendre en grippe*).

E. ZOLA (*Nana*).

QUELQU'UN (*Client de passage*), *Expression de proxénète.*

« — J'ai **quelqu'un** pour vous aujourd'hui.... Voulez-vous?

— Oui... Combien?

— Vingt louis.

— Affaire entendue. »

E. ZOLA (*Nana*).

RABLE (*Derrière de femme*).

« Coups de pied dans le **râble**, tel était son lot. »

HUYSMANS (*Les Sœurs Vatard*).

RACCROCHAGE (*Synonyme de levage ; action qui consiste, pour une femme galante, à attirer les hommes chez elle, par des regards ou des gestes*).

E. ZOLA (*Nana*).

RAFLE (*Arrestation des prostituées sur la voie publique*).

E. ZOLA (*Nana*).

RATELIER (*Restaurant*).

« Il sortait du **râtelier**, dégoûté et las... »

HUYSMANS (*Marthe*).

—◦◦◦—

RAVIGOTE (*Action de se parfumer le visage*).

« Une **ravigote** pour accommoder les basses viandes. »

HUYSMANS (*Les Sœurs Vatard*).

—◦◦◦—

RAVINE (*Trace de coup sur la face*).

«.... Un pochon, ou des **ravines** sur le visage. »

HUYSMANS (*Les Sœurs Valard*).

—◦❦◦—

RECOLLER (*Se*). *Contracter de nouveau une liaison.*

E. ZOLA (*Nana*).

—◦❦◦—

RÉGALADE (*A la*). *Pour rire, en riant.*

« Il s'en fut boire, à la **régalade**, le cognac et l'amour d'une charbonnière. »
HUYSMANS (*Les Sœurs Vatard*).

RETAPE (*Synonyme de raccrochage; appel fait aux passants par les femmes galantes*).

« C'était la grande **retape**, le **persil** au clair soleil, le raccrochage des catins illustres.... »

E. ZOLA (*Nana*).

REMACHER DES CLAQUES (*Faire souvent le récit des coups que l'on reçoit*).

E. ZOLA (*Nana*).

***

RESTE (*Le reste de quelqu'un; amant abandonné et agréé par une autre femme*).

« C'est mon **reste**, un joli coco que Rose s'est payé là. »

E. ZOLA (*Nana*).

RIGOLADE *(Flirtage sans conséquence).*

E. ZOLA *(Nana).*

ROGNER *(Synonyme de mettre en colère).*

« Il faudra lui montrer ces « versses »,
ça le fera **rogner**, ce racleur ! »

HUYSMANS *(Marthe).*

ROMPRE SA LONGE (*Se séparer*).

HUYSMANS (*Les Sœurs Vatard*).

ROSSE (*Épithète injurieuse*).

« Collez une amende à ces **rosses** de Fernande et de Maria. »

E. ZOLA (*Nana*).

ROSSIGNOLER DU NEZ (*Chanter du nez*).

«.... Bourdeau qui butait des savates, **rossignolait** du nez, bedonnait du ventre, dandinait de la hure.... »

HUYSMANS (*Marthe*).

***

ROUCHIE (*Synonyme de fille publique*).

E. ZOLA (*L'Assommoir*).

ROULER *(Se)*. *(S'enfoncer dans la débauche et s'y complaire)*.

E. ZOLA *(Nana)*.

ROULEUSE *(Fille publique)*.

« Une **rouleuse** de boulevard... »

E. ZOLA *(Nana)*.

ROULIS DE CHAIRES MOLLES (*Femme grasse*).

HUYSMANS (*Les Sœurs Vatard*).

ROULURE (*Femme de bas étage*).

« Laissez donc, mon cher, une **roulure**! Le public va la reconduire.... »

E. ZOLA (*Nana*).

ROUPIEUX, ROUPIEUSE. *(Qui a la roupie)*.

«... Voilà une lettre que l'ouvreuse m'a dit de vous remettre, grasseya une grosse fille **roupieuse**. »

HUYSMANS *(Marthe)*.

ROUSCAILLER *(Synonyme de faire la noce)*.

« Il l'empêcherait bien de **rouscailler**, lorsqu'il devrait lui casser les pattes. »

E. ZOLA *(L'Assommoir)*.

RUT (*Excitation féminine*).

« Peu à peu Nana avait pris possession du public, et maintenant chaque homme la subissait. Le **rut** qui montait d'elle ainsi que d'une bête en folie s'était épandu toujours davantage, emplissant la salle. »

E. ZOLA (*Nana*).

SALAUD (*Adjectif*) *Malpropre.*

« Les hommes sont des **salauds**.
« Ils aiment ça. »

E. ZOLA (*Nana*).

SALETÉ (*Synonyme de liaison amoureuse*).

« Vous ne songez qu'à la **saleté**. »

E. ZOLA (*L'Assommoir*).

SALON (*Synonyme de maison de prostitution, en province*).

« ... En province, la maison de prostitution n'est pas absolument pour le jeune homme, le lieu où il rassasie un besoin physique ; elle est avant tout, pour lui, un libre **salon**, dans lequel se donne satisfaction le tendre et invincible besoin de vivre avec l'autre sexe. »

E. DE GONCOURT (*La Fille Élisa*).

SAUT (*Faire le saut, se débaucher*).

« Ces conversations l'échauffaient et lui
donnaient plutôt envie de **faire le saut.** »
E. ZOLA (*L'Assommoir*).

SAUTER LE FOSSÉ (*Se marier*).

HUYSMANS (*Les Sœurs Vatard*).

SERINGUE (*Une vraie seringue, une femme bête*).

E. ZOLA (*Nana*).

—⚜—

SEXE (*Instrument de travail*).

« ... Des êtres qui paraissaient avoir laissé dans leur chambre leur **sexe**, comme l'outil de leur travail... »

E. DE GONCOURT (*La Fille Élisa*).

—⚜—

SUÇON (*Trace que laisse sur la peau un baiser trop ardent*).

« La mâtine osait dire que ce n'était pas un **suçon** ! Oui, elle appelait cela un bleu, tout simplement un bleu ! »

E. ZOLA (*L'Assommoir*).

— ⚜ —

SURCROIT DE BAGAGE (*Avoir un surcroit de bagage, être enceinte*).

E. ZOLA (*L'Assommoir*).

— ⚜ —

TACHES AZURÉES DES TRUFFES
(*Synonyme de plaques bleues sur la peau produites par des coups*).

HUYSMANS (*Les Sœurs Vatard*).

TATEZ-Y (*Bijou*).

« Cœur, en doublé, que les filles se mettent entre les deux nénais. »

E. ZOLA (*L'Assommoir*).

———◆———

TERRINE PLEINE DE VICES (*Gros homme débauché*).

HUYSMANS (*Les Sœurs Vatard*).

TIRER DES ENFANTS (*Faire un accouchement*).

E. DE GONCOURT (*La Fille Élisa*).

TOQUADE (*Amour passager*).

« Les **toquades** gâtent l'existence. »
E. ZOLA (*Nana*).

TOQUER (Se). *Se toquer d'une femme,*
l'aimer.

E. ZOLA (*Nana*).

—⁂—

TORCHON (*Jeune fille galante qui manque*
de tenue).

« Mathilde, un petit **torchon** d'ingénue,
venait de casser sa cuvette. »

E. ZOLA (*Nana*).

—⁂—

TORTUE (*Synonyme de maîtresse*).

« .... Ma **tortue** .... »
    HUYSMANS (*Les Sœurs Vatard*).

TRAINÉE (*Fille publique*).

« Je t'ai vu entrer au Grand Balcon avec
cette **traînée** d'Adèle. »
    E. ZOLA (*L'Assommoir*).

TRAVAILLER *(Exercer la prostitution).*

« „Depuis longtemps elle entendait les
filles se servir avec une conviction si pro-
fonde du mot **travailler**, pour définir
l'exercice de leur métier, qu'elle en était
venue à considérer la vente et le débit de
l'amour comme une profession.... »

E. DE GONCOURT *(La Fille Élisa).*

—◦◦◦—

TRIPOTER *(Tripoter une femme, la serrer
dans ses bras).*

E. ZOLA *(Nana).*

TROTTOIR (*Lieu où s'exerce la prostitution*).

« .... Les **trottoirs** autorisés des salons bourgeois. »

E. ZOLA (*Pot-Bouille*).

TROUILLOTER DU GOULOT (*Sentir mauvais de la bouche*).

« .... On la plaçait près d'Augustine, qui bien sûr devait avoir mangé ses pieds, tant elle **trouillotait du goulot**. ».

E. ZOLA (*L'Assommoir*).

TUCKER DE LA MORGUE (*Le*). (*Les dalles de la morgue. — Tucker est employé comme synonyme de sommier*) (1).

« Te vois-tu sur le **Tucker** de la Morgue. »
HUYSMANS (*Marthe*).

(1) Serait-ce une réclame ?

—◆—

AU RENDEZ VOUS
DES COCHERS

VACHE (*Synonyme de prostituée*).

« Grosse **vache**! Tu étais trop contente
de m'avoir pour faire sauver tes hommes! »
            E. ZOLA (*Pot-Bouille*).

VEAU (*Synonyme de fille publique*).

« Faut-il qu'un homme aime le **veau**
crevé ! »

> E. ZOLA (*Pot-Bouille*).

———◦❊◦———

VENDANGER DES GRACES (*Obtenir les
faveurs d'une femme*).

HUYSMANS (*Les Sœurs Vatard*).

———◦❊◦———

VENTRE (*Avoir quelque chose dans le ventre ; avoir du talent*).

« .... Un rôle de rien du tout..., un rôle de cocotte ! Toujours des cocottes ! On dirait vraiment que j'**ai** seulement des cocottes **dans le ventre.** »

E. ZOLA (*Nana*).

———⋆⋆⋆———

VÉNUS (*Une vénus*).

« .... Une peau ! Oh ! une peau ! Tu verras, toute la salle tirera la langue. »

E. ZOLA (*Nana*).

———⋆⋆⋆———

VIANDE A COCHER (*Petite fille du peuple*).

E. ZOLA (*Pot-Bouille*).

VOLAILLE (*Femme bête*).

« .... Cette **volaille:** »
HUYSMANS (*Les Sœurs Vatard*).

BIBLIOTHÈQUE DES CURIOSITÉS

23 VOL. IN-18, IMPRIMÉS EN CARACTÈRES NEUFS

Cette charmante collection, due à la collaboration des plus érudits et des plus spirituels de nos auteurs contemporains, renferme tout ce que chacun doit connaître. — Elle contient les *renseignements* les plus *complets*, les *indications* les plus *précises* et les *détails* les plus *piquants* sur chacun des sujets qui y sont traités. Elle est véritablement *indispensable* à toute personne voulant pouvoir causer *utilement* et *agréablement* de toutes les choses les plus intéressantes de la vie.

TITRES DES VINGT-TROIS VOLUMES

L'AMOUR	LA GUERRE
LA BEAUTÉ	LES ANIMAUX
L'IVRESSE	LES MUSICIENS
LA TABLE	LA MODE ET LES COSTUMES
LA CHASSE	ANECDOTES ET BONS MOTS
LA PÊCHE	LES VOLEURS ET LES MENDIANTS
LES THÉATRES	LES SPECTRES ET DÉMONS
LA PRESSE	LES PERSONNAGES BIZARRES
LE DUEL	LES FANATIQUES ET SECTAIRES
LA FOLIE	LES PEINES ET TORTURES
LE FLUIDE	LA MORT ET LES SÉPULTURES
LES RÉVOLUTIONS	

Prix de la Collection complète : **30** francs

NOTA. — Chaque volume se vend séparément : 1 fr. 50.

(Voir les titres et sommaires détaillés aux pages suivantes du catalogue.)

Pour recevoir cette collection complète *franco* à la gare que l'on désignera, envoyer un mandat-poste de 30 francs à la *librairie* DOUBLELZÉVIR,

13, rue Champollion, à Paris

L'AMOUR

Un volume in-18

IMPRIMÉ EN CARACTÈRES NEUFS

Prix : 1 fr. 50 c.

SOMMAIRE

Ce que c'est que l'amour. — Moyens de se faire aimer ; conseils d'un père à son fils. — Ce qui est le plus agréable en amour. — Le toucher, la vue, la parole. — Courtisanes grecques. — Aspasie, Phryné, Sapho, Laïs, Hipparchie, etc. — La femme habillée et la femme nue. — Les philtres amoureux. — La galanterie chrétienne. — Prostitution publique et prostitution clandestine. — Ruses des entremetteuses. — Une soi-disant arracheuse de dents. — La dame de charité. — Bonnes.... à tout faire. — Singuliers ateliers de peinture. — Lingères, couturières, blanchisseuses pour rire. — Mademoiselle de Fol-Edredon. — L'amour antiphysique. — Le Socratisme. — Le Saphisme ou amour Lesbien. — L'amour à 80 ans.

NOTA. — Ce volume, qui fait partie de la **Bibliothèque des Curiosités**, se vend *séparément* 1 fr. 50. — Pour le recevoir *franco* par la poste envoyer *douze timbres-poste* de 15 centimes à *la librairie* DOUBLELZÉVIR,

13, ruè Champollion, à Paris

LA BEAUTÉ

Un volume in-18

IMPRIMÉ EN CARACTÈRES NEUFS

Prix : 1 fr. 50 c.

NOTA. — Ce volume qui fait partie de la **Bibliothèque des Curiosités**, se vend *séparément* 1 fr. 50. — Pour le recevoir *franco* par la poste, envoyer *douze timbres-poste* de 15 c. à *la librairie* DOUBLELZÉVIR,

13, rue Champollion, à Paris

L'IVRESSE

ET

LES IVROGNES

---

1 vol. in-18, imprimé en caractères neufs

Prix : 1 fr. 50 c.

NOTA. — Ce volume, qui fait partie de la **Bibliothèque des Curiosités**, se vend *séparément* 1 fr. 50. — Pour le recevoir *franco* par la poste, envoyer *douze timbres-poste* de 15 cent. à *la librairie* DOUBLELZÉVIR,

13, rue Champollion, à Paris

LA TABLE

Un volume in-18

IMPRIMÉ EN CARACTÈRES NEUFS

Prix : 1 fr. 50 c.

NOTA. — Ce volume, qui fait partie de la **Bibliothèque des Curiosités**, se vend *séparément* 1 fr. 50. — Pour le recevoir *franco* par la poste, envoyer *douze timbres-poste* de 15 cent. à *la librairie* DOUBLELZÉVIR.

13, rue Champollion, à Paris

LA CHASSE

ET

LES CHASSEURS

---

1 vol. in-18, imprimé en caractères neufs

Prix : 1 fr. 50 c.

SOMMAIRE.

Histoire du droit de chasse. — Peines édictées contre le braconnage. — Chasses bizarres et curieuses. — Le Hapo ou chasse à la tranchée. — La chasse au vol en Perse. — La chasse au Castor. — La chasse au Chamois. — La chasse au Poisson. — Une chasse extraordinaire. — Un triple hallali. — Les chasses terribles. — La chasse à l'Éléphant; — à l'Hippopotame; — au Crocodile; — au Rhinocéros. — La chasse pour rire. — La chasse dans la plaine Saint-Denis; une grenouille de six cent soixante francs. — Mélanges. — Les rois chasseurs. — Charlemagne, Louis XI, Charles IV, François 1er. — Charles IX, Henri IV, Louis XIII, Louis XVI, Charles X. — Anecdotes. — Ouvrages rares et curieux relatifs à la chasse, etc., etc.

NOTA. — Ce volume, qui fait partie de la **Bibliothèque des Curiosités**, se vend *séparément* 1 fr. 50. — Pour le recevoir *franco* par la poste, envoyer *douze timbres-poste* de 15 cent. à *la librairie* DOUBLELZÉVIR

13, rue Champollion, à Paris

LA PÊCHE

ET

LES PÊCHEURS

---

1 vol. in-18, imprimé en caractères neufs

Prix : 1 fr. 50 c.

SOMMAIRE.

Grandes pêches. — La Baleine. — Le Requin. — Le Morse. — La Tortue. — Le Thon à la madrague. — Le Saumon. — Pêches singulières et bizarres. — La pêche au fusil. — Les pêches de Balouki. — La Lamproie. — La carafe à goujons. — La pêche au balancier. — Les oiseaux pêcheurs. — Le Cormoran. — Le Pélican. — La pêche du corail et les éponges. — Pisciculture. — Calendrier des pêcheurs indiquant le genre de poissons que l'on doit pêcher avec succès pendant chaque mois de l'année.

NOTA. — Ce volume, qui fait partie de la **Bibliothèque des Curiosités**, se vend *séparément* 1 fr. 50. — Pour le recevoir *franco* par la poste, envoyer *douze timbres-poste* de 15 cent. à *la librairie* DOUBLELZÉVIR,

13, rue Champollion, à Paris

LES THÉATRES

ET

LES ACTEURS ET ACTRICES

---

1 vol. in-18, imprimé en caractères neufs

Prix : 2 fr. 50 c.

SOMMAIRE.

NOTA. — Ce volume qui fait partie de la **Bibliothèque des Curiosités**, se vend *séparément*, 1 fr. 50. — Pour le recevoir *franco* par la poste, envoyer *douze* *timbres-poste* de 15 cent. à *la librairie* DOUBLELZÉVIR,

13, rue Champollion, à Paris

LE DUEL

ET

LES DUELLISTES

---

1 vol. in-18, imprimé en caractères neufs

Prix : 1 fr. 50 c,

SOMMAIRE.

Édits sur le duel. — Une lettre de Sully à Henry IV. —
Extrait pour l'antiquité des duels, des matières pour
lesquelles ils étaient permis, et de la forme qui s'obser-
vait en l'exécution. — Coutumes singulières à l'étranger.
Les tribunaux d'honneur en Prusse. — Les duels d'étu-
diants en Allemagne. — Le duel en Orient ; en Belgique.
— Duel étrange des Siamois. — Les Raffinés. — Duels
bizarres et curieux. — Duels entre femmes. — Duels
de trois frères. — Duels militaires. — Duels littéraires.
— Le moyen d'empêcher les duels dans les régiments.
— Anecdotes. — Opinions sur le duel. — Un duel pour
l'orthographe d'un mot. — Les duels de Voiture, de
Cyrano de Bergerac ; — Celui d'Emile de Girardin et
d'Armand Carrel ; — d'Achard et de Fiorentino ; de
Ponsard et Taxil Delord ; de Villemessant et Naquet.

NOTA. — Ce volume, qui fait partie de la **Bibliothèque des Curiosités**, se vend *séparément* 1 fr 50.
— Pour le recevoir *franco* par la poste, envoyer *douze
timbres-poste* de 15 cent. à *la librairie* DOUBLELZÉVIR,

13, rue Champollion, à Paris

LA PRESSE

ET

LES JOURNALISTES

1 vol. in-18, imprimé en caractères neufs

Prix : 1 fr. 50 c.

SOMMAIRE.

Comment se fait un journal. — Le titre ; le devis ; les
étoffes ; la copie ; les tartines. — Rédacteur en chef ;
chroniqueurs ; reporters ; metteur en pages ; le cli-
chage. — Cuisiniers. — Canardiers. — Le marbre. —
Romains, Anglais, Italiens, Chinois, Indiens. — Les
coquilles. — Néron historien. Le conseil des monstres ;
un homme de rien ; Le ministre sur un gradin ; Les
chats du crépuscule ; La culotte du prêtre ; Le rat qui
renverse un bateau à vapeur. — Le banquet de la vie.
— Veuves à louer. — Le Père Duchêne. — La Mère
Duchêne. — Journal de la canaille. — Le Journal à deux
liards. — L'Aimable Faubourien — Le Journal des
Halles. — La Lanterne magique ; La République des
femmes. — Le *Siècle*. — La *Liberté*. — Le *Courrier
Français*. — Le *Figaro*. — Le *Charivari*. — Amendes
et prisons, etc.

NOTA. — Ce volume, qui fait partie de la **Bibliothèque des Curiosités**, se vend *séparément* 1 fr. 50.
— Pour le recevoir *franco* par la poste, envoyer *douze
timbres-poste* de 15 cent. à *la librairie* DOUBLELZÉVIR,

13, rue Champollion, à Paris

LA FOLIE

ET

LES FOUS

---

1 volume in-18, imprimé en caractères neufs

Prix : 1 fr. 50 c.

NOTA. — Ce volume, qui fait partie de la **Bibliothèque des Curiosités**, se vend *séparément* 1 fr. 50.
— Pour le recevoir *franco* par la poste, envoyer *douze
timbres-poste* de 15 cent. à *la librairie* DOUBLELZÉVIR,

13, rue Champollion, à Paris

LE FLUIDE

ET

LE MAGNÉTISME

---

1 vol. in-18, imprimé en caractères neufs

Prix : 1 fr. 50 c.

NOTA. — Ce volume, qui fait partie de la **Bibliothèque des Curiosités**, se vend *séparément* 1 fr. 50. — Pour le recevoir *franco* par la poste, envoyer *douze* *timbres-poste* de 15 cent. à *la librairie* DOUBLELZÉVIR,

13, rue Champollion, à Paris

LES RÉVOLUTIONS

ET

LES RÉVOLUTIONNAIRES

———

1 volume in-18, imprimé en caractères neufs

Prix : 1 fr. 50 c.

———

SOMMAIRE.

NOTA. — Ce volume, qui fait partie de la **Bibliothèque des Curiosités**, se vend *séparément* 1 fr. 50.
— Pour le recevoir *franco* par la poste, envoyer *douze
timbres-poste* de 15 cent. à *la librairie* DOUBLELZÉVIR,

13, rue Champollion, à Paris

LA GUERRE

ET

LES ARMÉES

---

1 vol. in-18, imprimé en caractères neufs

Prix : 1 fr. 50 c.

NOTA. — Ce volume, qui fait partie de la **Biblio thèque des Curiosités**, se vend *séparément* 1 fr. 50. — Pour le recevoir *franco* par la poste, envoyer *douze timbres-poste* de 15 cent. à *la librairie* DOUBLELZÉVIR,

13, rue Champollion, à Paris

LES
ANIMAUX
A TOUTES LES ÉPOQUES

———

1 volume in-18, imprimé en caractères neufs

Prix : 1 fr. 50 c.

———

SOMMAIRE.

Animaux antédiluviens. Les reptiles ; le mastodonte. — Les infiniment petits. Les infusoires antédiluviens ; la farine fossile. — La Milliole. — Les hommes-singes. — L'Orang-Outang. — Le Chimpanzé. — Quadrupèdes. — Le Chien. — Le Loup. — Le Renard. — Carnassiers. — Pachydermes. — L'Éléphant. — Ruminants et rongeurs. — Le Chameau. — Le Castor. — Le Rat. — Cétacés. — La Baleine. — Le Narval ; le Dauphin. — Le Cachalot. — Oiseaux : leur utilité. — La chasse ; le chant ; les nids ; oiseaux étrangers. — Insectes. — Leur intelligence : Phosphorescence ; Métamorphose : Abeilles. — Araignées. — Fourmis. — Insectes divers ; — etc.

NOTA.—Ce volume, qui fait partie de la **Bibliothèque des Curiosités**, se vend *séparément* 1 fr. 50. — Pour le recevoir *franco* par la poste, envoyer *douze timbres-poste* de 15 cent. à *la librairie* DOUBLELZÉVIR,

13, rue Champollion, à Paris

LES
MUSICIENS
ET
LES DANSEURS

1 volume in-18, imprimé en caractères neufs

Prix : 1 fr. 50 c.

NOTA. — Ce volume, qui fait partie de la **Bibliothèque des Curiosités**, se vend *séparément* 1 fr. 50.
— Pour le recevoir *franco* par la poste, envoyer *douze
timbres-poste* de 15 cent. à *la librairie* DOUBLELZÉVIR,

13, rue Champollion, à Paris

LA MODE

ET

LES COSTUMES

1 volume in-18, imprimé en caractères neufs

Prix : 1 fr. 50 c.

SOMMAIRE.

NOTA. — Ce volume, qui fait partie de la **Bibliothèque des Curiosités**, se vend *séparément* 1 fr. 50. — Pour le recevoir *franco* par la poste, envoyer *douze timbres-poste* de 15 cent. à *la librairie* DOUBLELZÉVIR,

13, rue Champollion, à Paris

ANECDOTES

ET

BONS MOTS

---

1 vol. in-18, imprimé en caractères neufs

Prix : 1 fr. 50 c.

NOTA. — Ce volume, qui fait partie de la **Bibliothèque des Curiosités**, se vend *séparément* 1 fr. 50. — Pour le recevoir *franco* par la poste, envoyer *douze timbres-poste* de 15 cent. à *la librairie* DOUBLELZÉVIR,

13, rue Champollion, à Paris

LES VOLEURS

ET

LES MENDIANTS

---

1 volume in-18, imprimé en caractères neufs

Prix : 1 fr. 50 c.

SOMMAIRE.

Les enfants de la misère. — Hospices et Couvents. — Les Maladreries. — Les sœurs de charité. — Les Crèches. — La cour des Miracles. — Gueux et Belistres. — Le roi Ragot. — Gringoire. — Notre-Dame de Paris. — La maison de boue. — Mendiants et voleurs : le faux baron. — L'œil américain. — La bicorne. — Moine et bandit. — L'abruti. — La chanteuse. — Le marchand de chiens. — Le flageolettiste. — La loueuse d'enfants. Tous les genres de vols. — Le vol à la rencontre ; à l'américaine : à la vrille ; au bonjour ; à la détourne. — La tireuse ; l'omnibus. — Les charrieurs. — Les cabrioleurs. — Les escarpes. — Les roulotiers. — Les poivriers. — Les carreurs. — Deux cent neuf ans de prison. — Les pauvres de Londres. — Cadavres qui chantent. — Choses infâmes. — Les héros du vice. — La banque des pauvres, etc.

NOTA. — Ce volume, qui fait partie de la **Bibliothèque des Curiosités**, se vend *séparément* 1 fr. 50. — Pour le recevoir *franco* par la poste, envoyer *douze timbres-poste* de 15 cent. à *la librairie* DOUBLELZEVIR,

13, rue Champollion, à Paris

LES SPECTRES

ET

LES DÉMONS

---

1 volume in-18, imprimé en caractères neufs

Prix : 1 fr. 50 c.

SOMMAIRE.

NOTA. — Ce volume, qui fait partie de la **Bibliothèque des Curiosités**, se vend *séparément* 1 fr. 50. — Pour le recevoir *franco* par la poste, envoyer *douze timbres-poste* de 15 cent. à *la librairie* DOUBLELZÉVIR,

13, rue Champollion, à Paris

LES

PERSONNAGES

BIZARRES ET SINGULIERS

———

1 volume in-18, imprimé en caractères neufs

Prix : 1 fr. 50 c.

———

NOTA. — Ce volume, qui fait partie de la **Bibliothèque des Curiosités**, se vend *séparément* 1 fr. 50. — Pour le recevoir *franco* par la poste, envoyer *douze timbres-poste* de 15 cent. à *la librairie* DOUBLELZEVIR,

13, rue Champollion, à Paris

LES

FANATIQUES

ET

LES SECTAIRES

---

1 volume in-18, imprimé en caractères neufs

Prix : 1 fr. 50 c.

NOTA. — Ce volume, qui fait partie de la **Bibliothèque des Curiosités**, se vend *séparément* 1 fr. 50.
— Pour le recevoir *franco* par la poste, envoyer *douze
timbres-poste* de 15 cent. à *la librairie* DOUBLELZÉVIR,

13, rue Champollion, à Paris

LES PEINES

ET

TORTURES

---

1 volume in-18, imprimé en caractères neufs

Prix : 1 fr. 50 c.

NOTA. — Ce volume, qui fait partie de la **Bibliothèque des Curiosités**, se vend *séparément* 1 fr. 50. — Pour le recevoir *franco* par la poste, envoyer *douze timbres-poste* de 15 cent. à *la librairie* DOUBLELZÉVIR,

13, rue Champollion, à Paris

LA

MORT

ET

LES SÉPULTURES

1 volume in-18, imprimé en caractères neufs

Prix : 1 fr. 50 c.

NOTA. — Ce volume, qui fait partie de la **Bibliothèque des Curiosités**, se vend *séparément* 1 fr. 50. Pour le recevoir *franco* par la poste, envoyer *douze* timbres-poste de 15 cent. à *la librairie* DOUBLELZÉVIR,

13, rue Champollion, à Paris

CODE DU CÉRÉMONIAL

GUIDE DES GENS DU MONDE

Dans toutes les circonstances de la vie

PAR

Mᵐᵉ la comtesse de BASSANVILLE

Cet ouvrage, dont la célébrité est aujourd'hui universelle, a déjà été tiré à **cent mille exemplaires.**

En dehors des règles de la politesse essentielle, il est certaines conventions adoptées par la bonne société, que personne ne doit négliger. — Chaque jour on se demande si telle démarche est *convenable, adoptée, reçue ;* on est incertain, sur la question de *temps,* d'*heures,* de *délais,* et alors on regrette de n'avoir pas sous la main un *guide sûr,* un *conseiller expérimenté,* qui vous édifie sur ces questions si futiles en apparence, si *importantes* en réalité. — Une démarche faite mal à propos, un oubli involontaire des *convenances,* peuvent souvent avoir l'influence la plus grave sur votre avenir.

C'est à tout cela que répond le **Code du cérémonial.**

On y trouve, en plus, des *renseignements précieux* sur les *coutumes* et sur les *formalités* qui entourent chacune des circonstances de la vie : **naissances, mariage, décès, enterrements, réceptions,** *dîners, bals, soirées,* **Visites,** *attitude, toilette, conversation,* etc., etc.

En un mot, le **Code du cérémonial** a sa place marquée dans la bibliothèque de *l'homme du monde* et sur la table de toutes les femmes *comme il faut.*

Un charmant volume in-18 de **320 pages,**

Prix : 3 fr. 50.

Pour le recevoir *franco,* envoyer un *mandat-poste* de 4 fr. à *la librairie* DOUBLELZÉVIR,

13, rue Champollion, à Paris

LES MYSTÈRES

DE

LA POLICE

EN FRANCE

PAR

A. VERMOREL

Cet ouvrage contient les *révélations les plus étonnantes* sur la police en France, depuis Louis XIV jusqu'à nos jours.

SOMMAIRE.

Les lieutenants-généraux de police. — Enlèvements d'enfants. — Les lettres de cachet. — Les disparitions extraordinaires. — Les poisons et les empoisonnements. — Epouvantables découvertes. — La police et les mœurs. — La petite maison. — La police de la librairie. — La police révolutionnaire. — La police du Directoire. — Contre-police royale. — Les coulisses du 18 brumaire. — Conspirations et Conspirateurs. — La police du premier Empire. — La police diplomatique. — Les espions et les mouchards. — La police sous la Restauration. — La police d'observation et de provocation. — Le secret des lettres. — La police de l'imprimerie. — Vidocq et la brigade de sûreté. — La police politique sous le gouvernement de Juillet. — Confession d'un chef de service de la police de sûreté. — La police contemporaine.

3 volumes in-18 (*mille pages de texte*).

Prix : 9' francs.

Pour recevoir *franco* les *trois volumes*, par *colis postal*, envoyer un *mandat-poste* de *neuf francs* à *la librairie* DOUBLELZÉVIR,

13, rue Champollion, à Paris

8208 — Imprimerie A. Lahure, 9, rue de Fleurus, à Paris.

8208. — PARIS. IMPRIMERIE A. LAHURE

Rue de Fleurus, 9

www.ingramcontent.com/pod-product-compliance
Lightning Source LLC
Chambersburg PA
CBHW071628200326
41519CB00012BA/2210